BEI GRIN MACHT SICH IHR WISSEN BEZAHLT

- Wir veröffentlichen Ihre Hausarbeit, Bachelor- und Masterarbeit

- Ihr eigenes eBook und Buch - weltweit in allen wichtigen Shops

- Verdienen Sie an jedem Verkauf

Jetzt bei www.GRIN.com hochladen und kostenlos publizieren

Agnes Hechtberger

Ernährung und Macht - Über den Zusammenhang zwischen Ernährung und Macht

GRIN Verlag

Bibliografische Information der Deutschen Nationalbibliothek:

Die Deutsche Bibliothek verzeichnet diese Publikation in der Deutschen National-
bibliografie; detaillierte bibliografische Daten sind im Internet über http://dnb.d-
nb.de/ abrufbar.

Impressum:

Copyright © 2008 GRIN Verlag GmbH
Druck und Bindung: Books on Demand GmbH, Norderstedt Germany
ISBN: 978-3-640-37575-2

Dieses Buch bei GRIN:

http://www.grin.com/de/e-book/131837/ernaehrung-und-macht-ueber-den-
zusammenhang-zwischen-ernaehrung-und-macht

Akademie für den Diätdienst und ernährungsmedizinischen Beratungsdienst

Lazarettgasse 14

1090 Wien

Seminararbeit im Unterrichtsfach Soziologie

2. Ausbildungsjahr 2007/2008

Hechtberger Agnes

Scheiblauer Kornelia

Ernährung und Macht

Inhaltsverzeichnis

Einleitung

> „Alles, was gegessen wird, ist Gegenstand der Macht.“
>
> (Canetti, 1980: 243)

Das Thema Macht ist wohl bei kaum einem Thema so aktuell, wie bei dem der Ernährung. In der westlichen Welt ist dies jedoch nicht im Bewusstsein der Bevölkerung, da genug Nahrung vorhanden ist. Es besteht ein fast unüberschaubares Nahrungsangebot, in dem sich der Mensch nur so gut zurechtfindet, weil die Erziehung, die Gesellschaft und die Medien Richtlinien vorgeben – und somit Macht ausüben.

In folgender Arbeit werden der Machtbegriff in der Ernährung näher erläutert, Situationen der Machtausübung aufgezeigt und die durchaus wichtige Thematik mit der Tätigkeit des/der Diätologen/in in Zusammenhang gebracht.

1 Macht – Eine Definition

Der Begriff Macht wurde in der Soziologie von Max Weber formuliert:

> „Macht bedeutet jede Chance, innerhalb einer sozialen Beziehung
> den eigenen Willen auch gegen Widerstreben durchzusetzen,
> gleichviel worauf diese Chance beruht"
>
> (Weber, 1964: 38)

Folglich kann ein Machtverhältnis nur dort auftreten, wo eine soziale Ungleichheit besteht.

Macht kann sehr vielfältig sein: Sie äußert sich nicht nur in physischer oder psychischer Überlegenheit, vor allem auch Wissen, Manipulation, Attraktivität, Geheimnisse und besonders Knappheit sind wichtige Instrumente der Macht. All diese Aspekte stehen in Zusammenhang mit der Ernährung. Körperliche Überlegenheit kann sich dadurch ausdrücken, dass der Stärkere sich mit Gewalt Nahrung verschafft oder dem Schwächeren den Zugang zur Nahrung verweigert. Wird Macht auf psychischer Ebene ausgeübt, kann sich das in Bezug auf die Ernährung etwa dadurch bemerkbar machen, dass emotionale Regungen und Bedürfnisse geweckt, jedoch nicht befriedigt werden. Wissen rund um das Thema Nahrung ist oft ungleich verteilt und kann so als Machtmittel benutzt werden, um beispielsweise „gesunde" oder „ungesunde" Nahrungsmittel durchzusetzen. (Prahl/Setzwein; 1999: 161)

Auch die Begriffe ‚Machthunger', ‚machtgierig' oder etwa ‚Wissensdurst' deuten auf die enge Verbindung zwischen Macht und Ernährung hin.

Macht muss nicht immer direkt ausgeübt oder verspürt werden. Das Verdecken von Absichten gehört ebenso zu den Strategien der Macht wie auch das Disziplinieren. Solche Formen der Macht setzen sich oft wesentlich lautloser und effizienter durch als physische Machtausübung.

Lautlose Macht muss dem Machtausübenden jedoch nicht immer bewusst sein. Personen, die aufgrund ihres Alters, ihres sozialen Status oder ihrer Position als Vorbild angesehen werden, haben oft in jeder Lebenssituation Vorbildwirkung, ohne diese bewusst wahrzunehmen oder einzusetzen. (Prahl/Setzwein, 1999: 162 f)

2 Macht im Ernährungsalltag

2.1 Eltern als Macht ausübende Instanz

2.1.1 Esserziehung

Zum ersten Mal kommt der Esserziehung im 18. Jahrhundert eine bedeutende Stellung zu. Die ‚richtige' Ernährung und das ‚richtige' Verhalten bei Tisch werden zum Paradigma für wohlerzogene Bürger. So wurden eine Reihe von Maßnahmen entwickelt, durch welche die Kinder schon sehr früh in ihrem Esserhalten diszipliniert werden sollten und mit Verzicht, Aufschub oder Ablenkung gebändigt werden sollten. Eine dieser Maßnahmen war das Legen eines Reissackes auf den Kopf des Kindes, damit dieses während der Mahlzeit still sitzen blieb. In diesem Sinne sagte 1809 der Theologe Johann Michael Sailer, dass der blinden Lüsternheit des Kindes nicht nachgegeben werden dürfe, ebenso dürfe es nicht mit Leckerbissen belohnt und in der Wahl der Speisen sich selbst überlassen werden. Sailer appellierte an die ‚vernünftige' Mutter, die Kinder von ‚wohlbesetzten Tafeln' fernzuhalten.

Gegen Leckereien sprachen sich Pädagogen auch 100 Jahre später noch aus, wo es heißt, die Folgen der Leckerei seien ‚in körperlicher Hinsicht die verhängnisvolle Schädigung der Verdauungswerkzeuge und Nerven, in geistig-sittlicher Hinsicht die Blasiertheit mit all ihren natur- und vernunftwidrigen Anhängseln'.

Ein weiterer Ratschlag war etwa auch, den Kindern generell nichts oder nur sehr wenig vom Nachtisch zu geben, um sie in der Unterwerfung zu üben. Oft wurde der Genuss einer Nachspeise auch davon abhängig gemacht, ob die Hauptspeise gegessen wurde. Vielfach setzte sich ohnehin die streng autoritäre Maßnahme durch, dass der Teller unter allen Umständen leer gegessen werden müsse, auch wenn das Kind den ganzen Tag am Tisch vor seiner Mahlzeit sitzen würde.

Prinzipiell wurden also eine strenge Züchtigung sowie die Überwachung der Einhaltung von Verboten seitens der Eltern gefordert. (Prahl/Setzwein, 1999: 126 ff)

Zum Aneignen der dem damaligen Zeitgeist entsprechenden Verhaltensweisen wurden auch Medien benutzt. So verbergen sich zum Beispiel hinter den ansprechend gestalteten Bildern von Dr. Heinrich Hoffmanns Buch ‚Der Struwwelpeter', das bereits seit der Biedermeierzeit immer wieder eingesetzt wird, die Geschichten von ungehorsamen Kindern, die allesamt ein bitteres Ende nehmen. Diese als Erzählungen für Kinder verpackten Disziplinierungsmaßnahmen sind ein deutliches Beispiel für eine lautlose Machtausübung. (Niederle, 2002: 191)

Auch in der heutigen Ernährungserziehung spielen Mäßigung, Kontrolle und vernunftgeleitetes Verhalten eine wichtige Rolle. Allerdings möchte man das Verhalten der Kinder mit Spiel, Spaß und Spannung in die gewünschten Bahnen lenken. (Niederle, 2000: 79)

2.1.2 Essen als Belohnung

Nicht selten werden Nahrungsmittel, besonders Süßigkeiten, von den Erwachsenen auch als Erziehungsinstrumente benutzt. Die Kinder bekommen sie zur Ablenkung, zur Belohnung, zur Beruhigung oder einfach nur, um Unangenehmes zu ‚versüßen'. Das kann langfristig unter anderem zu Essstörungen führen, denn die Kinder lernen dadurch – sowie durch eine oft zusätzlich auftretende negative Vorbildwirkung, die im Sinne einer unbewussten Macht steht – bei Problemen und Konflikten zu essen. (Niederle, 2000: 77)

Eltern dürfen hierbei jedoch keineswegs den nachhaltigen Einfluss des Belohnungseffektes außer Acht lassen: Folgt auf angebrachtes Verhalten eine Belohnung, wie ein Schokoriegel es sein kann, so wird mit dem Verhalten ein positives Gefühl assoziiert und in Zukunft beibehalten. Gleiches gilt allerdings auch für unangemessene Verhaltensweisen, welche durch Nahrungsmittel im Sinne einer Belohnung ebenso gefestigt werden. Bekommt ein quängelndes Kind im Supermarkt eine Leckerei von den Eltern, die die Intention haben, das Kind dadurch zu beruhigen, wie es in der Öffentlichkeit erwünscht ist, so wird diese quängelnde Verhaltensweise des Kindes folglich als erfolgbringende Maßnahme gesehen und beibehalten. (Oerter/Montada, 2002: 83f)

2.1.3 Essen als Angstmacher

Wie auch in anderen Bereichen der Erziehung wird den Kindern besonders in der Ernährungserziehung Angst vermittelt und diese ausgenutzt, um eine besonders tiefe Verankerung im kindlichen Bewusstsein zu erreichen. Erwachsene verwenden häufig so genannte Magisierungen. Das Ausmaß der Strafe soll dabei auf nicht erfass- und beeinflussbare Gewalten umgelenkt werden, das heißt das Maß der angedrohten Strafe übersteigt das tatsächliche Strafausmaß. Einige Beispiele hierfür sind die bekannten Aussagen: ‚Wenn du deinen Teller nicht leer isst, wird das Wetter morgen schlecht' oder ‚Wenn du Sand verschluckst, wachsen riesige Würmer in deinem Bauch'.
Die Kinder werden mit solchen Androhungen oft den Vorstellungen ausgesetzt, dass etwas absolut Unkontrollierbares oder Furchtbares passieren könnte, wenn es verbotene Dinge tut oder gewünschtes Verhalten unterlässt. (Prahl/Setzwein, 1999: 129)

2.2 Macht der Medien

Medien sind Mittler menschlicher Kommunikation und werden als solche schon immer zu Sozialisationszwecken eingesetzt – neben dem Elternhaus, der Schule, dem Beruf und der Erwachsenenbildung. Sie sind entscheidend am Prozess der Wirklichkeitsbildung beteiligt und vermitteln Normen, Einstellungen, Urteile und Wissen. (Prahl/Setzwein, 1999: 131)
Welche Wirkung die Massenmedien auf ihre Nutzer ausüben, wie intensiv und umfassend die Beeinflussung durch sie ist und wie diese Wirkung erzielt wird, ist in der Forschung jedoch umstritten. Laut Klaus Hurrelmann, deutscher Sozialwissenschaftler, ist die Medienwirkung abhängig vom Nutzungskontext, der wiederum von sozialen Faktoren bestimmt wird:

„Wie stark die Medien in Sozialisationsprozessen sein können, hängt davon ab, wie viel Macht ihnen in den entsprechenden sozialen Zusammenhängen eingeräumt wird."

(Hurrelmann, 1994: 399)

Rund um das Thema Ernährung sind die Medien in vielfältiger Weise vertreten: Von Anleitungen in Kochbüchern, Bilddokumentationen und Rezeptvorschlägen in Zeitschriften, Diätplänen und Ernährungstipps in Frauenmagazinen über zahlreiche Ernährungsratgeber und Fernsehdiskussionen bis hin zur Darstellung von Essgewohnheiten und Bewerbung bestimmter Lebensmittel in TV und Internet reicht die Palette.

Die Medien prägen vor allem auch Alltagssituationen und können so die Organisation der Nahrungsaufnahme beeinflussen. Als ein typisches Beispiel kann hier die ‚Fernsehmahlzeit' genannt werden. In vielen Haushalten richtet sich der Zeitpunkt des Abendessens nach dem Fernsehprogramm, wenn während des Essens etwa die Nachrichten oder auch bestimmte Serien im Mittelpunkt stehen. Von diesem Gesichtspunkt aus betrachtet haben Medien besonders große Macht über Art und Menge der zugeführten Lebensmittel. Da Essen neben dem Fernsehen als Nebentätigkeit betrachtet werden kann, richtet sich die Aufmerksamkeit nicht primär dem Hunger- und dem Sättigungsgefühl, weswegen die Dauer der Nahrungszufuhr oft von der Dauer der Fernsehsendung abhängig ist, und bei der Art der Lebensmittel darauf geachtet wird, dass sie unkompliziert verzehrt werden können. (Prahl/Setzwein, 1999: 134 f)

Bestimmte Medieninhalte können durchaus auch zu einer Manipulation der Denk- und Verhaltensweisen führen. So transportieren die Massenmedien in sehr starkem Maße vorherrschende Diskurse wie etwa das Schlankheitsideal oder Bestrebungen zur ewigen Jugendlichkeit. (www.web4health.at)

Auch die Nahrungsmittel selbst spielen im Fernsehen eine große Rolle. Die sozialen und emotionalen Funktionen des Essens und Trinkens heben auch viele Werbespots hervor. Es wird hier vor allem an das Bedürfnis nach sozialer Anerkennung und Gruppenzugehörigkeit, nach Spaß und Wohlbefinden appelliert. Der Nährwert der Lebensmittel steht dabei meist im Hintergrund. (Prahl/Setzwein, 1999: 134 f)

2.3 Machtausübung in Institutionen

Im Gegensatz zur familiären bzw. privaten Nahrungsaufnahme steht die Gemeinschaftsverpflegung in Institutionen wie Kindergärten, Schulen, Krankenhäuser, Alten- und Pflegeheimen oder auch Gefängnissen.

Institutionelle Nahrungsversorgung trägt immer Züge einer Entindividualisierung, da die Konsumenten durch umfassende Regeln wie Essenszeiten, Speisenangebot oder Portionsgrößen stark in ihrer Selbstständigkeit beeinträchtigt werden. Es lässt sich hier ein starker Zusammenhang zwischen Ernährung und Machtausübung erkennen: von der Abhängigkeit und des teilweise Ausgeliefertseins von Kindern oder alten und pflegebedürftigen Menschen in Heimen bis hin zum Nahrungsentzug bzw. zur Entmündigung durch Zwangsernährung. (Prahl/Setzwein, 1999: 171)

Vor allem in totalen Institutionen ist der Machtaspekt besonders deutlich erkennbar. Totale Institutionen können definiert werden

> „[...] als Wohn- und Arbeitsstätten einer Vielzahl ähnlich gestellter Individuen, die für längere Zeit von der übrigen Gesellschaft abgeschnitten sind und miteinander ein abgeschlossenes, formal reglementiertes Leben führen."
>
> (Goffman, 1992: 11)

Beispiele für totale Institutionen sind etwa Kinderheime, Internate, Gefängnisse, Pflegeheime und Klöster.

Die Insassen sind sehr oft massiven Attacken auf das Selbst ausgesetzt, die sich durch entwürdigende Aufnahmeprozeduren, dem Verlust von Kleidung und persönlichen Dingen sowie physischen und psychischen Angriffen äußern können. Auch hier spielt das Thema Ernährung eine grundlegende Rolle, wo es immer wieder zu Machtbezeugungen gegenüber den Insassen kommt, wenn etwa Mahlzeiten vorenthalten werden oder wenn zur Nahrungsaufnahme gezwungen wird. (Prahl/Setzwein, 1999: 172)

2.4 Macht über sich selbst

Das heute als normal geltende Essverhalten setzt eine umfangreiche Fähigkeit zur Selbstkontrolle voraus, die von der westlichen Gesellschaft auch zunehmend gefordert wird. Wir müssen genau wissen, was, wie viel, wann und zu welchen Mahlzeiten in welchen Formen wir essen sollen.

Dieser Zwang zur Selbstkontrolle ist das Resultat eines Zivilisationsprozesses. Er beschränkt sich aber nicht nur auf das Verhalten bei der Nahrungsaufnahme, sondern betrifft auch die Esslust selbst. Diverse Fremdzwänge schlagen oft in Selbstzwänge um und können so unter anderem zu Essstörungen führen. (Prahl/Setzwein, 1999: 125)

Der selbstbestimmte Verzicht auf Nahrung, wie etwa bei Anorexia nervosa, kann zu einer sehr wirksamen Strategie werden, um Macht über den eigenen Körper zu erlangen. Die Befriedigung, den eigenen Körper steuern oder gar besiegen zu können, ruft oft ein Gefühl von Stärke hervor. Wenn die Nahrungsverweigerung bei Bezugspersonen auch noch Besorgnis auslöst, schafft das meist weitere Machtressourcen für den Betroffenen. So wird etwa das Kind, das nicht isst, mit positiver Zuwendung bedacht oder der Teenager mit Liebeskummer macht durch Hungern auf sein Leid aufmerksam und gewinnt vielleicht den verlorenen Partner zurück. (Prahl/Setzwein, 1999: 169)

Eine weitere Form der Essstörung ist die Adipositas. Hier wird das Essen als eine Form von Selbstschutz genutzt, das angelagerte Körperfett wird von Betroffenen als Wärmequelle und Panzerung gegenüber der Außenwelt empfunden. (Mitschrift Psychologie)

Essstörungen können also als Strategien zur Erlangung von Macht über sich selbst oder über die nächsten Bezugspersonen dienen, gleichzeitig sind sie aber auch eine Form der Gewalt gegen sich selbst. (Prahl/Setzwein, 1999: 170)

Nicht jede Form der Macht über sich selbst in Bezug auf die Ernährung ist jedoch sogleich eine Essstörung. Auch das zeitweilige oder dauerhafte Einhalten einer speziellen Diät ist Zeichen der Selbstbeherrschung. Dem Betroffenen verleiht es ‚ein gutes Gefühl', wenn er geschafft hat, die Diät einzuhalten. (Mitschrift Psychologie)

Forderungen an die Selbstbeherrschung des Menschen hinsichtlich der Nahrungsaufnahme werden aber nicht nur durch die westliche Gesellschaft gefordert und durch entsprechende Mittel, wie etwa Medien, gefördert. In den meisten Kulturen übt auch die Religion Macht auf den Menschen diesbezüglich aus. In den meisten Religionen gibt es gewisse Zeiten der Nahrungskarenz oder zumindest der Nahrungseinschränkung. Sei es die vorösterliche Fastenzeit im Christentum oder der Ramadan im islamischen Glauben, um die Triebe nicht Herr über den Menschen werden zu lassen. Die Selbstbeherrschung wird hier als wünschenswerte Fähigkeit gesehen, Vorbilder in Form von Heiligen und Märtyrern geschaffen, die ihren Trieben – auch in Bezug auf die Ernährung – erfolgreich widersagt haben. (fp.tsn.at)

3 Macht über die Nahrung

> „Die Erzeugung und Verteilung von Nahrung war und ist nur in der
> Idee frei von Macht und Gewalt."
>
> (Prahl/Setzwein, 1999: 165)

In der Realität stehen Nahrung und Macht in einem sehr engen Verhältnis zueinander. Besonders bei Nahrungs- oder Wasserknappheit spielt die Überlegenheit eine große Rolle. Jene, die an den Quellen sitzen, verfügen über enorme Macht gegenüber jenen, die Hunger oder Durst erleiden. Heute noch entstehen Kriege aus Wassernot, wird für ein Stück Brot gemordet.

Hunger kann auch als Werkzeug der Macht eingesetzt werden, beispielsweise wurde er historisch immer wieder als Foltermittel verwendet. Umgekehrt werden auch heute noch erfolgreich Hungerstreiks als Waffe benutzt, um etwas durchzusetzen bzw. zu verhindern.

Macht über die Nahrung ist auch in Rationierungssystemen von Lebensmitteln zu erkennen, die immer wieder in Not- oder Kriegszeiten an der Tagesordnung standen bzw. stehen. Einzelne Personengruppen bekommen bestimmte Rationen zugeteilt, ohne Einfluss darauf zu haben oder individuelle Bedürfnisse durchsetzen zu können.

Eine andere Form der Machtbezeugung ist die Trinkwasservergiftung, die heute vor allem als Druckmittel bei Erpressungen oder als Mittel der Kriegsführung eingesetzt wird. (Prahl/Setzwein, 1999: 165 ff)

4 Macht und Ernährung in Bezug auf die Tätigkeit des/der Diätologen/in

Das Bewusstsein über die Thematik der Macht hinsichtlich der Ernährung kann als Grundlage einer erfolgreichen Ernährungsberatung betrachtet werden. Nur im Bewusstsein der verschiedenen mächtigen Einflüsse auf das Essverhalten – sowie der großen und vielschichtigen Bedeutung der Nahrung im Allgemeinen – kann dem Klienten mit der geforderten und notwendigen Empathie begegnet werden, die Erfolg versprechenden Ratschlägen und Maßnahmen vorangeht.

Des Weiteren gilt für den/die Diätologen/in, dass seine/ihre Aussagen in Bezug auf Ernährung im Allgemeinen mehr Macht haben, als die Worte einer Person aus einem anderen Fachgebiet. Eine bewusste Wortwahl ist folglich als selbstverständlich anzusehen.

Übt jedoch etwas anderes, wie zum Beispiel die Religion oder eine ethische Einstellung, mehr Macht auf den Klienten aus, sodass die Ratschläge des/der Diätologen/in nicht angenommen werden, ist dies zu akzeptieren. Es wäre jedoch verantwortungslos, die möglichen oder wahrscheinlichen Folgen, die das Verhalten des Klienten mit sich bringen könnte, diesem zu verschweigen.

Conclusio

Macht und Ernährung spielen unweigerlich auch in der heutigen – großteils selbstbestimmten – Zeit eine wichtige Rolle. Gerade in derart grundlegenden Bereichen wie der Nahrungszufuhr sind Werte und Normen von größter Relevanz.

Macht im Ernährungsalltag wird meist unauffällig ausgeübt. Gewaltanwendung hinsichtlich der Ernährung ist – im mitteleuropäischen Lebensraum – nicht mehr üblich.

Die wichtigsten Einflussfaktoren sind die Familie, Institutionen und die Medien. Auch Ärzte/innen und Diätologen/innen üben in dieser Hinsicht Macht aus. An Bedeutung verloren hat die Kirche als machtausübende Instanz.

Literaturverzeichnis

NIEDERLE Charlotte: Methoden des Kindergartens 1. Sonderdruck der Fachzeitschrift Unsere Kinder; 4. Auflage; Landesverlag Druckservice; Linz; 2000

NIEDERLE Charlotte: Methoden des Kindergartens 3. Sonderdruck der Fachzeitschrift Unsere Kinder; 4. Auflage; Landesverlag Druckservice; Linz; 2002

OERTER & MONTADA: Entwicklungspsychologie; 5. Auflage; Beltz PVU Verlag; Weinheim; 2002

PRAHL Hans-Werner/SETZWEIN Monika; Soziologie der Ernährung; Leske und Budrich Verlag; Opladen; 1999

CANETTI Elias; 1980 in: PRAHL Hans-Werner/SETZWEIN Monika; Soziologie der Ernährung; Leske und Budrich Verlag; Opladen; 1999

GOFFMAN, 1992 in: PRAHL Hans-Werner/SETZWEIN Monika; Soziologie der Ernährung; Leske und Budrich Verlag; Opladen; 1999

HURRELMANN Klaus; 1994 in PRAHL Hans-Werner/SETZWEIN Monika; Soziologie der Ernährung; Leske und Budrich Verlag; Opladen; 1999

WEBER Max; 1964 in: PRAHL Hans-Werner/SETZWEIN Monika; Soziologie der Ernährung; Leske und Budrich Verlag; Opladen; 1999

http://web4health.info/de/answers/ed-cause-society.htm (15.03.08, 20:30)

http://fp.tsn.at/hs-mieming/fastengedanken.htm (02.03.08, 17:05)

Mitschrift aus der Vorlesung „Psychologie" von Mag. Roswitha Ries, März 2007